黑夜星光

一位科研妈妈与孩子的深海对话

文 / 李小艳

我既是研究深海采矿的科研工作者，也是两个孩子的妈妈。当你翻开这本绘本时，书中小女孩“九九”的名字，正是来自我的女儿。创作这个故事的初衷，是想告诉孩子们：深海不是黑暗的禁区，而是充满奇迹与未来的“蓝色宝库”。

在绘本中，你会看到奇特的“多金属结核”——像土豆一样赋存在海底的矿石。现实中，这正是我们的工作——我曾参与我国首次“扬矿泵管输送系统”和“鲲龙 500”海底采矿车的海上试验，这些技术未来可能为人类提供生产手机、电动汽车所需的稀有金属。但更重要的是，我想通过故事传递：科学探索不是为了掠夺，而是为了与自然共生。

孩子们总问我：“妈妈，海底有奥特曼吗？”而这本书想告诉他们：真正的英雄是具有探索精神的科学家。绘本里没有“正确答案”，只有小女孩对深海的想象——也许你的孩子会画出更酷的采矿机器人，或幻想出新的深海生物，那正是科普最美的瞬间。

作为科研人，面对深海采矿遥不可知的未来——深海采矿还未商业化开采，只是处于技术探索阶段——有时觉得自己做的事情没有价值，但成为母亲后，我明白了“科普是写给未来的情书”。当孩子说“我也想研究大海”时，那一刻，黑夜般的科研长路突然有了星光。

深海宝藏

小矿石的大梦想

文 / 李小艳　图 / 郑诗颖

北　京
冶 金 工 业 出 版 社
2025

在大海的最深处，有一个安静的世界。
阳光照不进来，好像连时间都放慢了脚步。

一群不起眼的小矿石紧紧贴在一起，轻声说道：
“我们可能永远也不会离开这里了。”

一个低沉的声音幽幽地传来，原来是一艘沉船。

谁是小土豆？
小矿石不解地问。
你们虽然是多金属结核，是通过海水中溶解的金属慢慢形成的，但看起来就像一颗颗小土豆。
我们是不太好看，也不像其他生物一样可以移动。
小矿石们看着游过的长尾鳕（xuě），气馁地说。
沉船低声说道：“你们的先辈曾经离开海洋去探索过更广阔的世界。”

“我们的先辈去过外面的世界?”小矿石们满眼惊奇。

“是的。1868 年，一艘瑞典科考船发现了你们。1872 年，科考船‘挑战者号’也发现了你们，知道你们分布在很多海域的深渊带，也知道你们含有锰（měng）、钴（gǔ）、镍（niè）等多种金属。”

“原来我们不只是石头，我们叫多金属结核！”小矿石们兴奋起来，“要是我们也能离开大海，看看外面的多彩世界就好了！”

沉船叹了口气，声音中透着失落：“那是一个美好又充满挑战的世界……现在你们只能等着被发现了。我已经等了几百年了……”

“我们在 5000 米深的海底，压力特别大，根本不能到浅海区。”一只长尾蝶参摆动着尾巴说道。

小矿石撇着嘴说：“为什么不能呢？不试试怎么知道？”

小矿石们充满期待，围着海参求助道：“小海参，你能带我们去看看外面的世界吗？”

“我虽然能移动，但也只能待在深海。你们是趴着不动的小土豆，我是移动的毛毛虫，咱们都别做梦了。”

小矿石有点难过，但它没有泄气，眨巴着眼睛又问:“长尾鳕大哥，我们特别想去海面，你能帮帮我们吗？”

长尾鳕甩了甩尾巴说:“傻孩子，深海这水压比山还重！我这身子骨要是往浅海游，肚皮怕是要炸开喽！”

鮟（ān）鱇（kāng）鱼打着灯笼游近，淡绿色的光芒照亮了小矿石，带来一丝希望。鮟鱇鱼凑上前，好奇地问小矿石：“你们要去外面的世界？”鮟鱇鱼想象了一下从海底到海面的情景，忍不住担心地补充道：“这么遥远的距离，不知道会有多危险……”

“因为听说外面有阳光、沙滩、星辰和各种奇妙的东西！”小矿石们热情地回答，“我们想亲眼去看看！”

鮟鱇鱼眨了眨眼，迟疑地说：“想去外面的世界可不容易，我也从来没有到过浅海。你们想到什么办法了吗？”

小矿石们七嘴八舌地讨论起来。

“对了，我们可以找不同的朋友，像铠甲虾传递东西一样，把我们送到海面。”

鮟鱇鱼赞许地说：“这倒是个好主意！我可以送你们第一程。”

“加油，鮟鱇鱼！”看着鮟鱇鱼缓缓上升的背影，
海底的小矿石们欢呼起来。

鮟鱇鱼驮着小矿石启程，“我们的目标是把小矿石尽量往上送，探险小队全速前进！”鮟鱇鱼队长头顶的灯笼状发光器宛如深海灯塔。它勇敢地给自己打气道：

“注意保持阵列，跟随诱饵光源！”

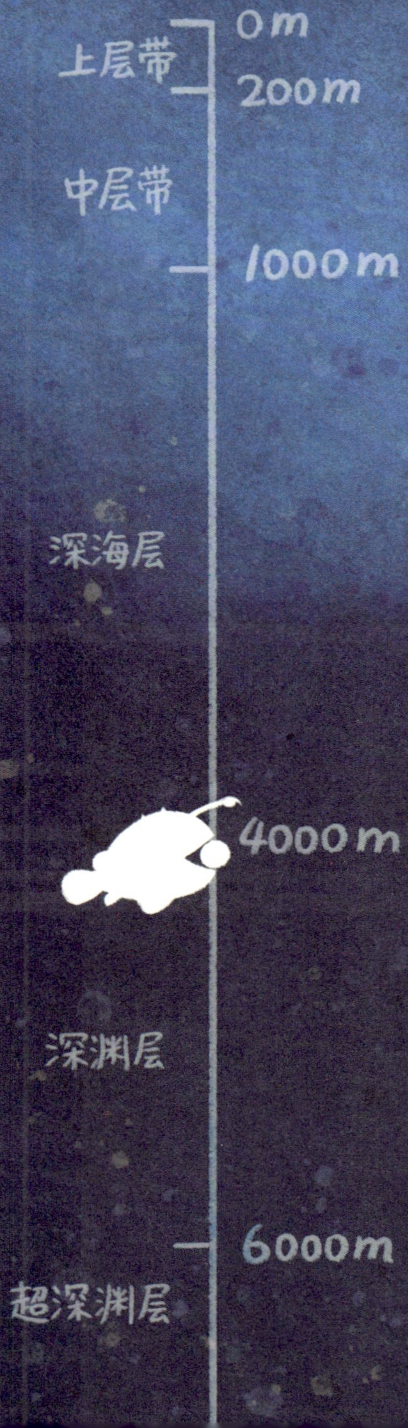

突然，一股热流袭来，来自深海热液喷口的水流让一直生活在寒冷深渊的鮟鱇鱼感到眩晕。

“烫烫烫！我的屁股要冒烟啦！”小矿石大叫着。

“醒醒，快醒醒！”在焦急的呼唤声中，鲛鳙鱼慢慢苏醒。

“这是哪里啊？”鲛鳙鱼疑惑地问道。

“这里是深海热液区，”多金属硫（liú）化物轻声提醒，“喷口温度很高，连最耐热的深海鱼都受不了。你们怎么会来到这里？”

鮟鱇鱼摆动发光的诱饵，将小矿石的梦想娓娓道来。

“真的吗？小矿石也能去看看外面的世界？”多金属硫化物充满向往，“真羡慕它呀！我也想去。”

鮟鱇鱼无奈地摆动着鳍，把小矿石轻轻放下，说：“抱歉，我只能护送你到这里了。我们等等看还有谁可以帮忙。”

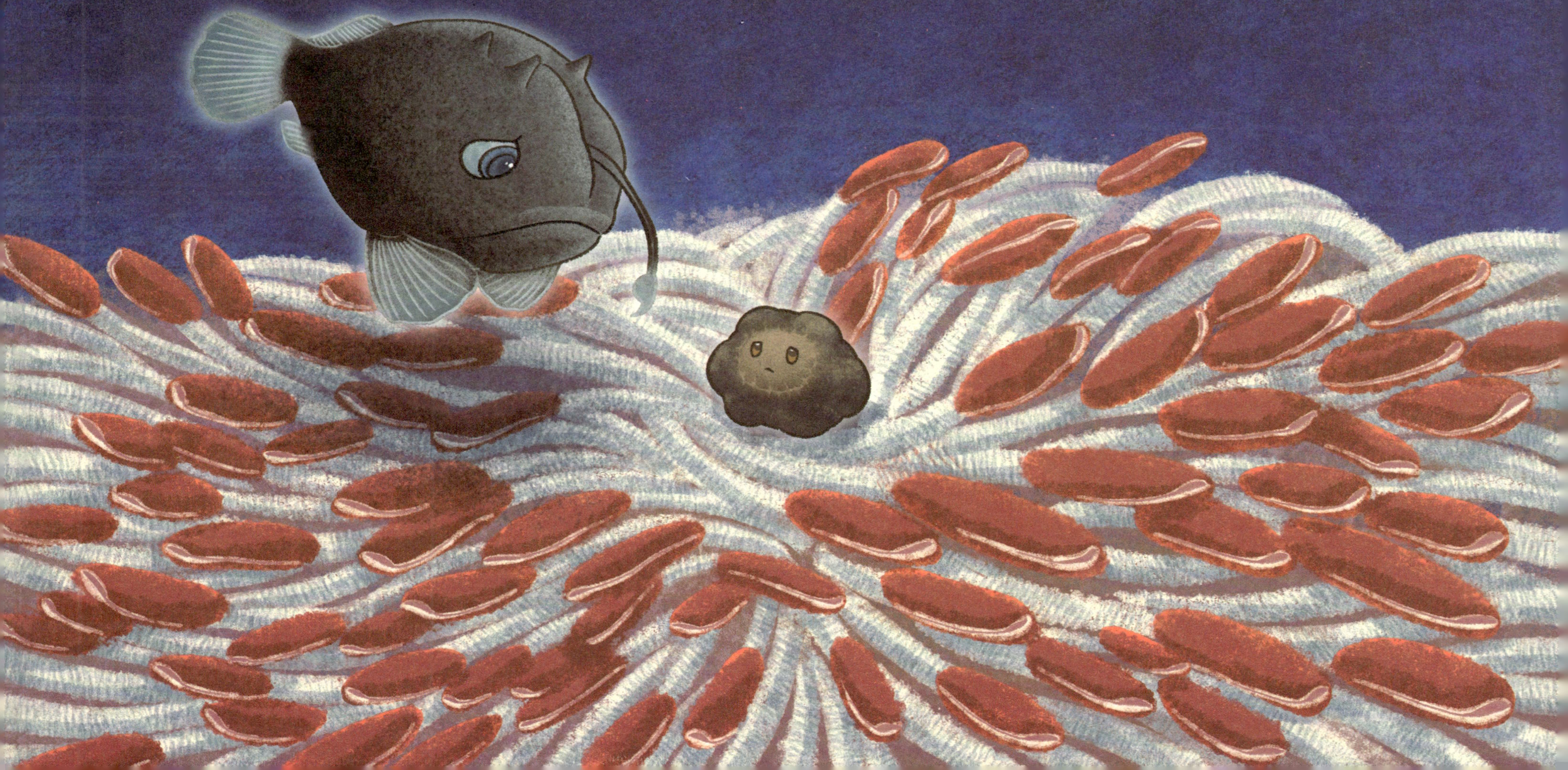

正说着，一道黑影从上方掠过。多金属硫化物立刻认出那是经常来热液区觅食的深海鲨鱼，急忙喊道:“深海鲨鱼！这位小矿石有个了不起的梦想，需要你的帮助！它想去看看海面上的世界！”

深海鲨鱼咧开嘴，露出一排闪亮的牙齿，但语气却格外温柔:“当然可以！我最喜欢帮助有梦想的小家伙了！”它的尾巴轻轻摆动，激起一串串小水泡。

“我也想一起去！”多金属硫化物说。

“当然可以，”深海鲨鱼低下头，让小矿石和多金属硫化物稳稳地落在它宽阔的背上。

“我会带着你们安全地向上游。要知道，我可是这片海域最棒的梦想快递员呢！”

“谢谢你！”小矿石紧紧贴着深海鲨鱼的皮肤，感受着水流从身边掠过，“你让我离梦想又近了一步！”

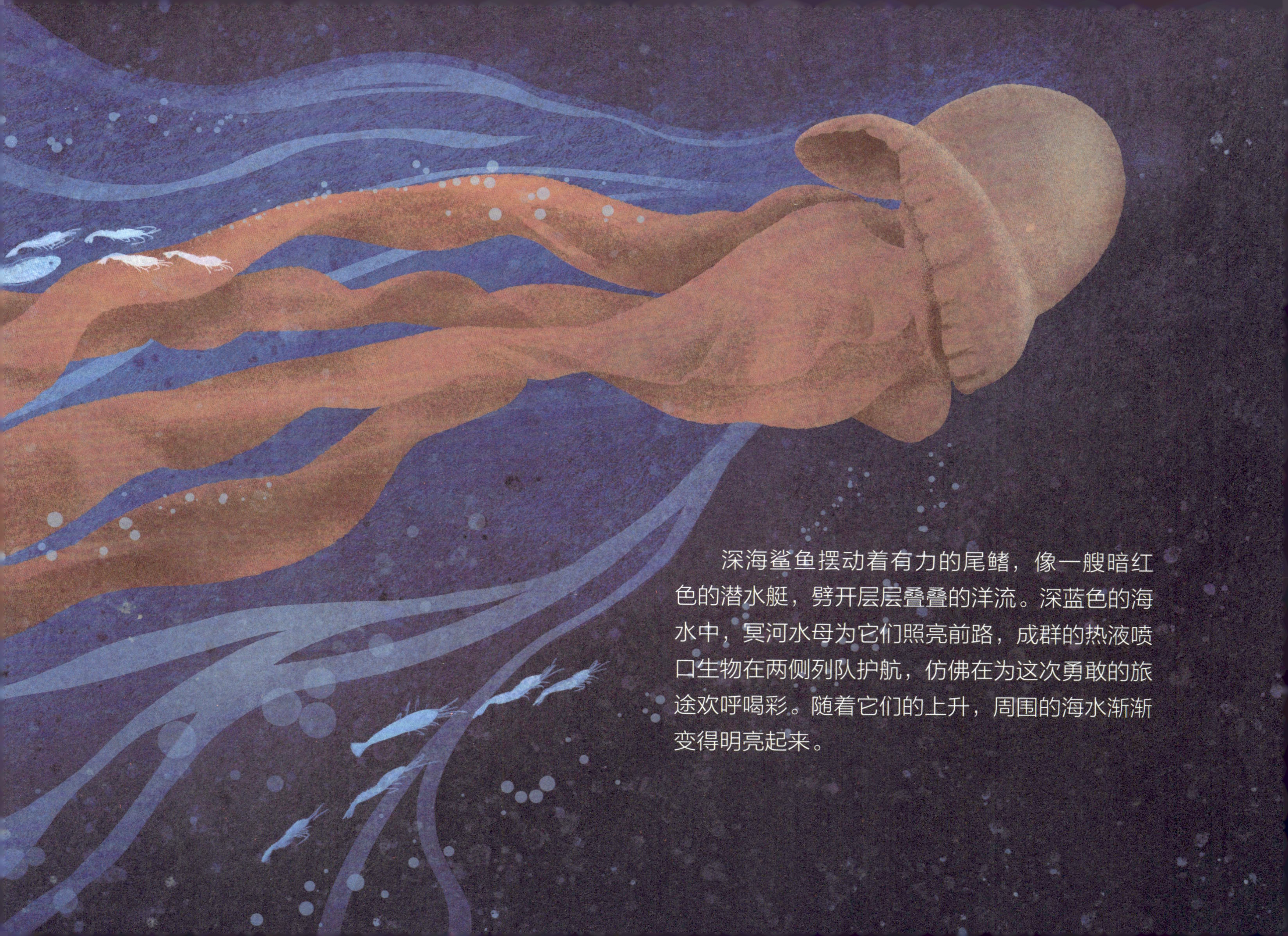

深海鲨鱼摆动着有力的尾鳍，像一艘暗红色的潜水艇，劈开层层叠叠的洋流。深蓝色的海水中，冥河水母为它们照亮前路，成群的热液喷口生物在两侧列队护航，仿佛在为这次勇敢的旅途欢呼喝彩。随着它们的上升，周围的海水渐渐变得明亮起来。

突然，一道强劲的暗流袭来！

深海鲨鱼敏捷地转身躲避，但背上的小矿石还是被强劲的水流卷走了。

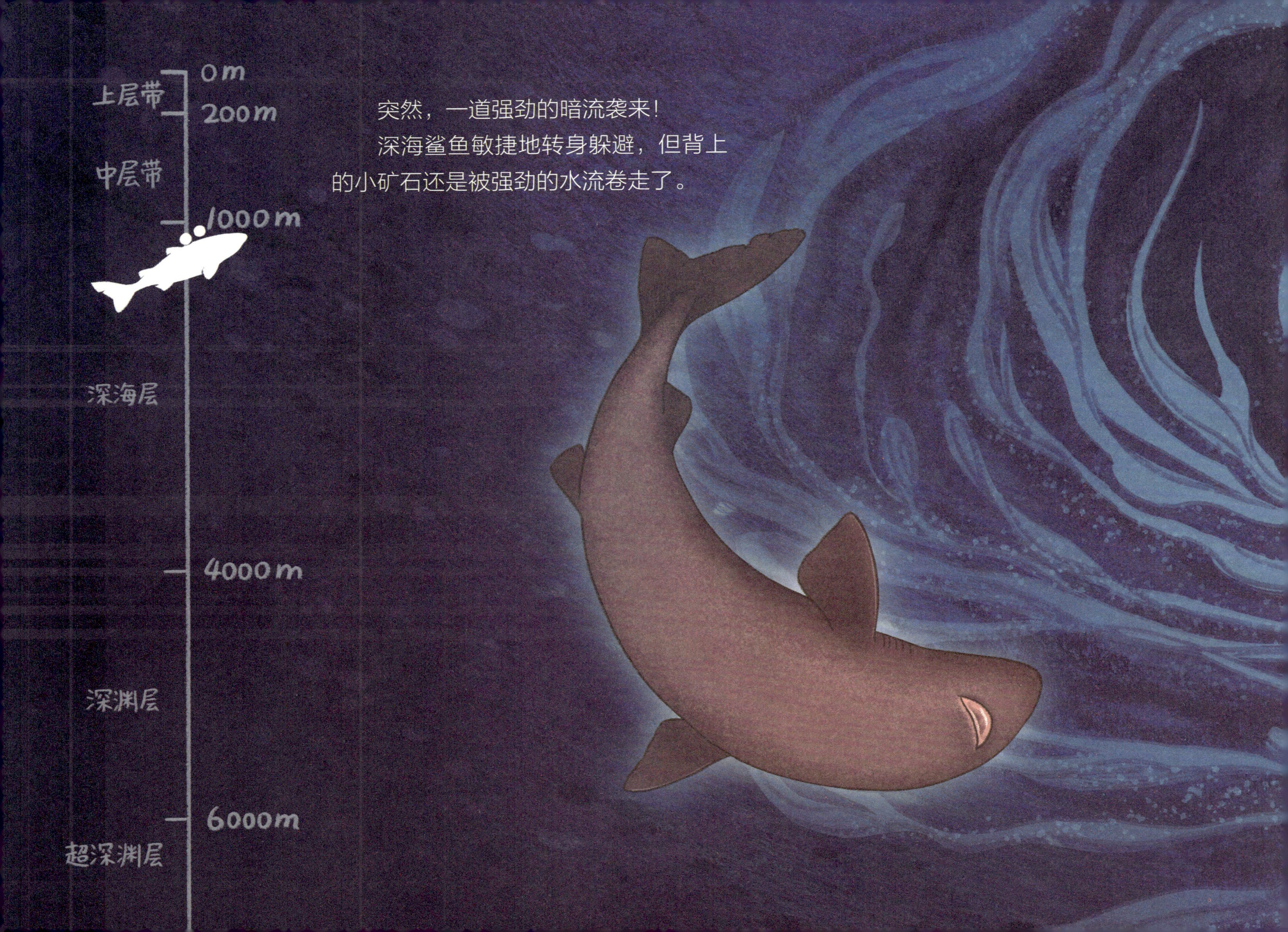

“糟糕！我的朋友们！”深海鲨鱼急得团团转，在昏暗的水域来回搜寻。它的心跳声在寂静的深海中格外清晰。

这时，一块布满纹路的富钴（gǔ）结壳缓缓开口：“深海鲨鱼，你在找什么？刚才有两个黑影从我身边滑过去了。”

“是的！它们不小心被暗流卷走了！”深海鲨鱼焦急地说。富钴结壳发出温和的荧光：“别着急，它们就在那边的海葵丛里。你们是从哪里来的？”

“我们从深海来，”深海鲨鱼摆动着尾鳍，“它们有个了不起的梦想——想去看看外面的世界！但是，我好像没办法再往上游了……”

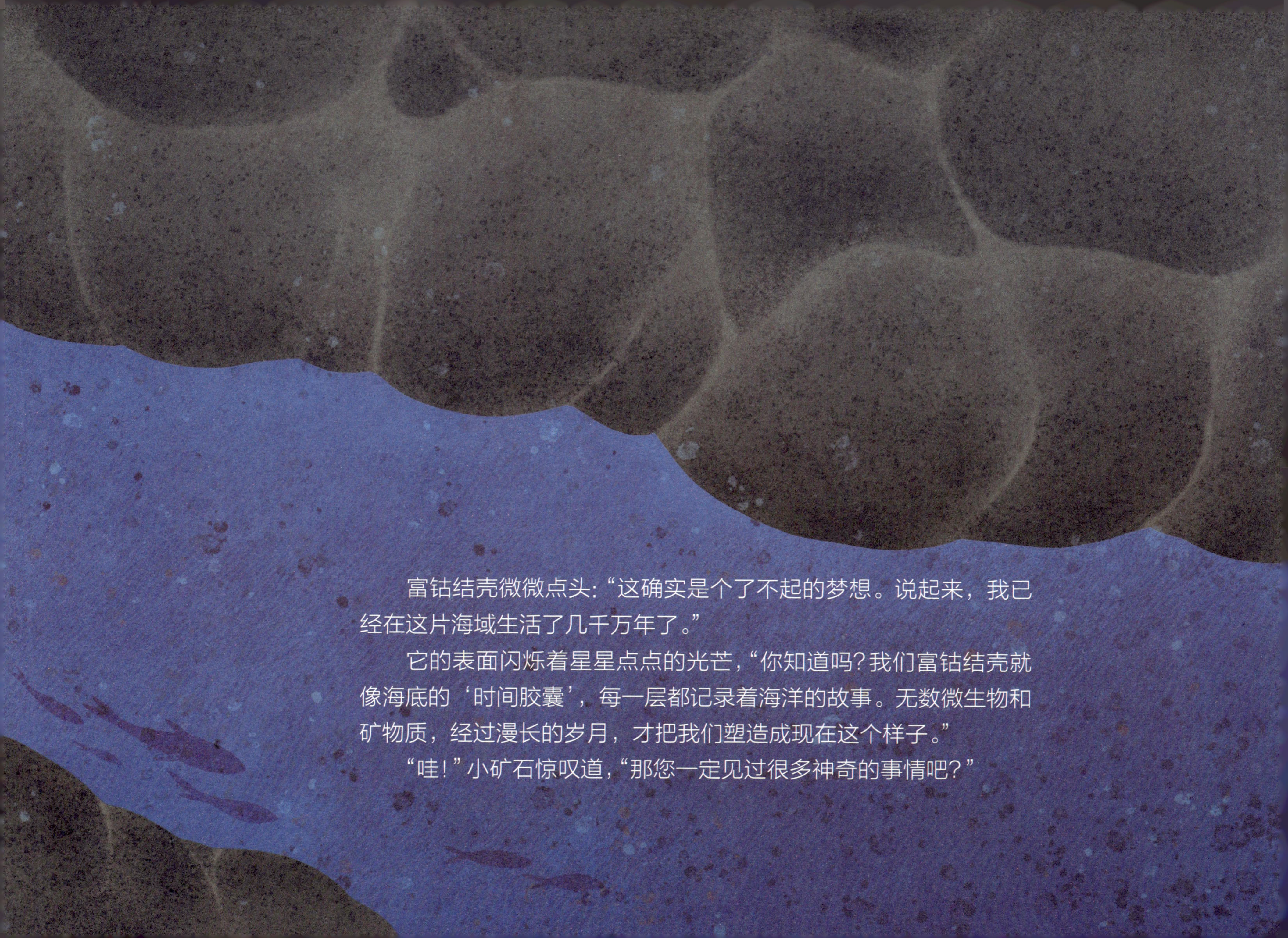

富钴结壳微微点头:“这确实是个了不起的梦想。说起来，我已经在这片海域生活了几千万年了。”

它的表面闪烁着星星点点的光芒,“你知道吗？我们富钴结壳就像海底的‘时间胶囊’，每一层都记录着海洋的故事。无数微生物和矿物质，经过漫长的岁月，才把我们塑造成现在这个样子。”

“哇！”小矿石惊叹道,“那您一定见过很多神奇的事情吧？”

“当然，”富钴结壳的声音带着笑意，“我见过冷水珊瑚的发育，俪虾的偕老同穴，甚至还见过鲸落的演变……”

“虽然这里永远都是深邃的蓝色，但每个生命都在用自己的方式发光。”

深海鲨鱼凑近了询问：“您从来没想过去海面看看？”

富钴结壳轻轻震动，像是在笑：“年轻的时候也想过。但后来发现，每个生命都有属于自己的位置。我在这里，可以为迷路的小鱼指引方向，为疲惫的海洋生物提供歇脚处，这让我感到很满足。”

“您真像一位智慧的长者！”小矿石敬佩地说。

“不过，”富钴结壳闪烁着神秘的光芒，“我想让你们带着我的碎片去见识大海外面的世界。现在，让我来帮你们继续这段旅程吧！”

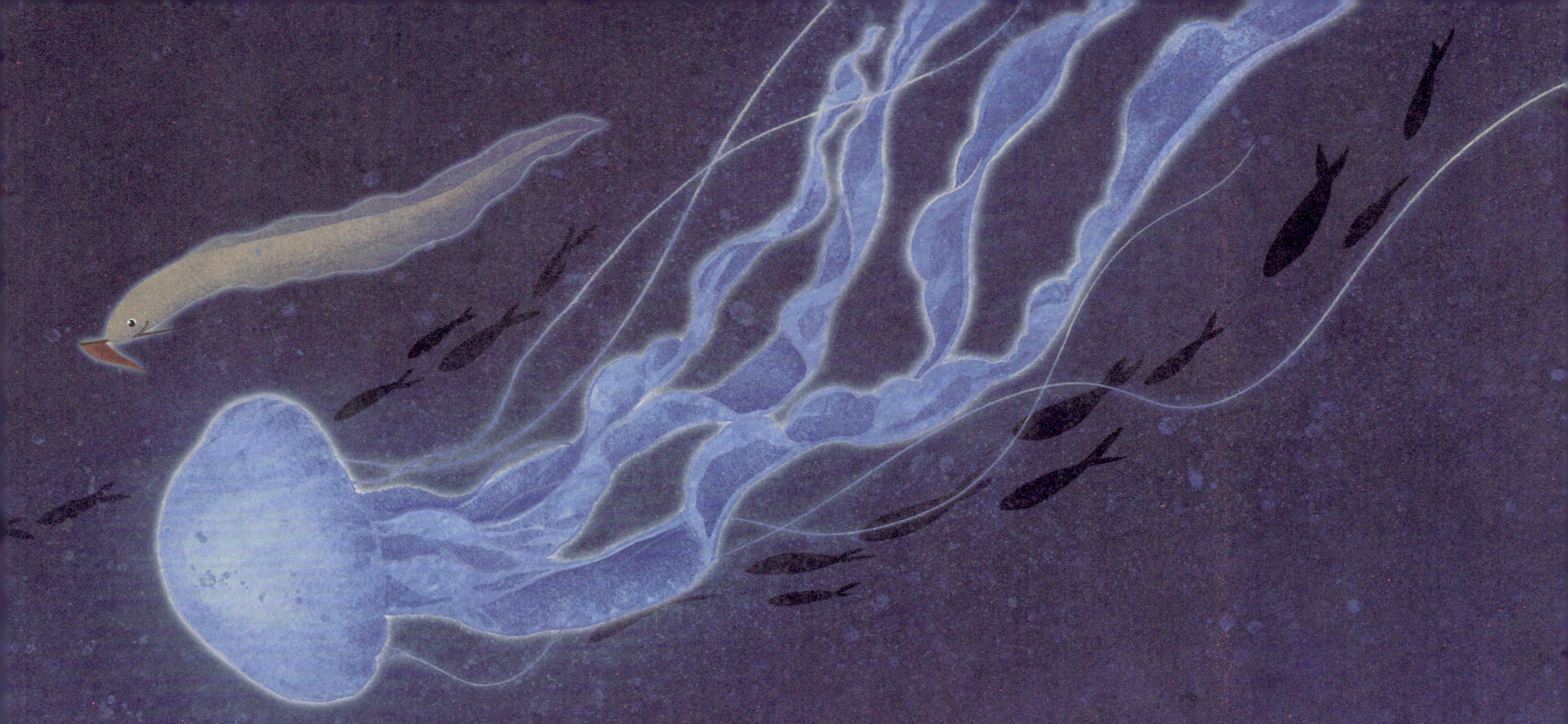

富钴结壳发出柔和的信号，像是在召唤着什么。

很快，周围的海水开始泛起涟漪，各种海洋生物闻讯而来。

“朋友们，”富钴结壳的声音在海水中回荡，“这里有一位勇敢的小矿石，它想去看看海面上的世界。谁愿意帮助它完成这个梦想呢？”

一只透明的水母优雅地游过来，它的身体在深海中发出梦幻的蓝光：“我很想帮忙，但是……”它轻轻碰了碰小矿石，“我的身体太柔软了，承受不住你们的重量。”

一条大头鱼从珊瑚丛中探出头来：“让我来试试！”它骄傲地展示着自己宽大的额头，“看，我的脑袋又大又结实，最适合当‘矿石专车’了！”

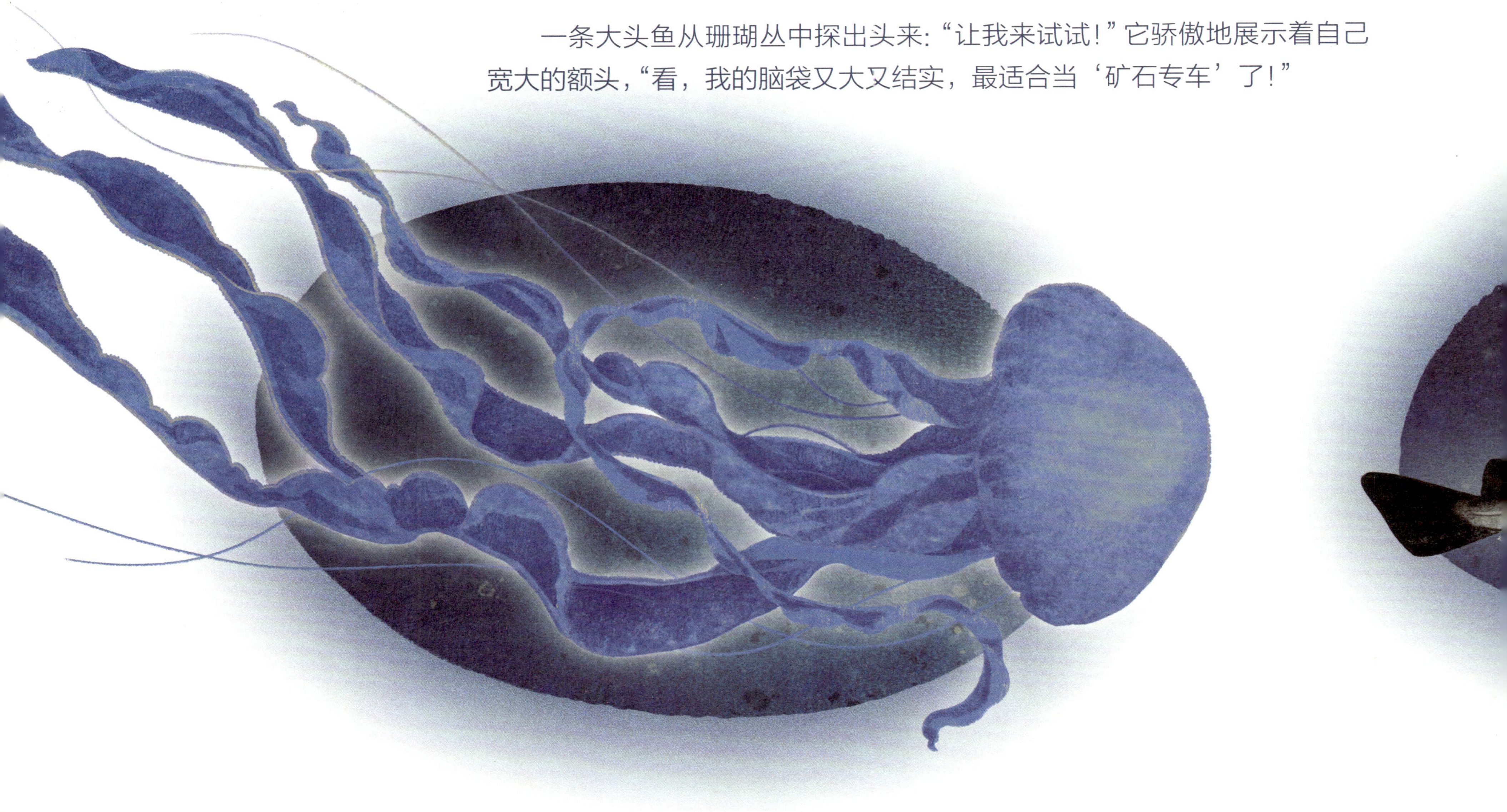

小矿石有些担心地问：“可是……您游得快吗？”“哈哈！”大头鱼爽朗地笑了，“别看我头大，我可是这片海域的短距离游泳冠军呢！而且……”它神秘地眨眨眼，“我知道一条捷径，可以避开危险的洋流区。”

海豚在旁边听了个明白，自告奋勇地说：“我个头大，也可以一起帮忙！”

水母们排成一列，为它们照亮前路；
小丑鱼们吹出一串串气泡，像是在发送祝福；
就连平时害羞的海马也探出头来，为它们加油……

就这样，在众多海洋生物的祝福中，小矿石踏上了最后的旅程。

当海豚带着小矿石冲破最后一层海浪时，夕阳正将海面染成金色。

突然，它们看到一艘小船缓缓驶来，船上坐着小女孩九九，正专注地用网兜捞着什么。

“就是现在！”大头鱼在水下发出信号。

海洋生物们立刻行动起来，水母、发光的鱼群、章鱼等，组成闪烁的圆圈，海豚在中间跃出水面，将小矿石展露出来，吸引了海鸥也来凑热闹。

九九注意到这不同寻常的景象:“天哪! 快看那边!”她指着海面上闪烁的光芒,“那些海洋生物好像在表演!”

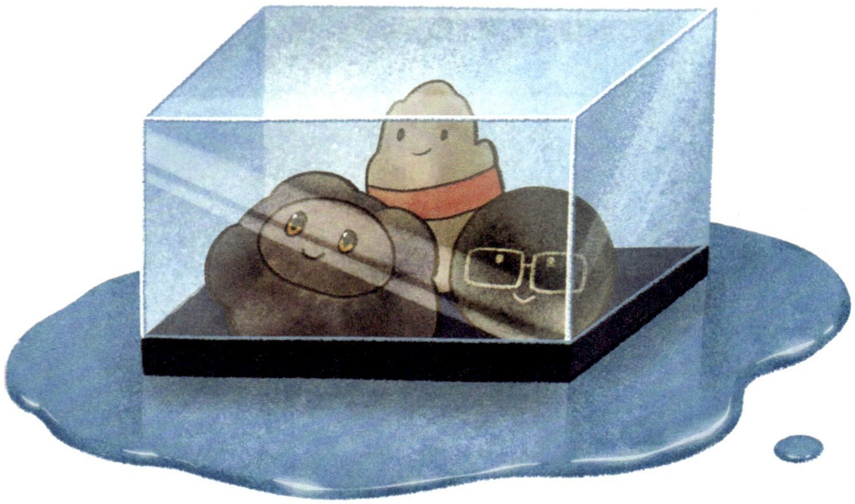

她划着小船靠近，“好特别的石头啊！”九九小心翼翼地用网兜捞起它们，“太神奇了！这一定是海洋送给我的礼物！”她轻轻地把小矿石放进随身携带的标本盒里，“我要带回去给妈妈看，她一定会很惊讶的！”

小矿石透过透明的标本盒，看着渐渐远去的朋友们，轻声说：“谢谢你们帮我实现了梦想。”

夕阳下，九九的小船向着科考船驶去。海面上留下一道金色的痕迹，仿佛在为这段奇妙的相遇画上完美的句号。而小矿石的故事，才刚刚开始……

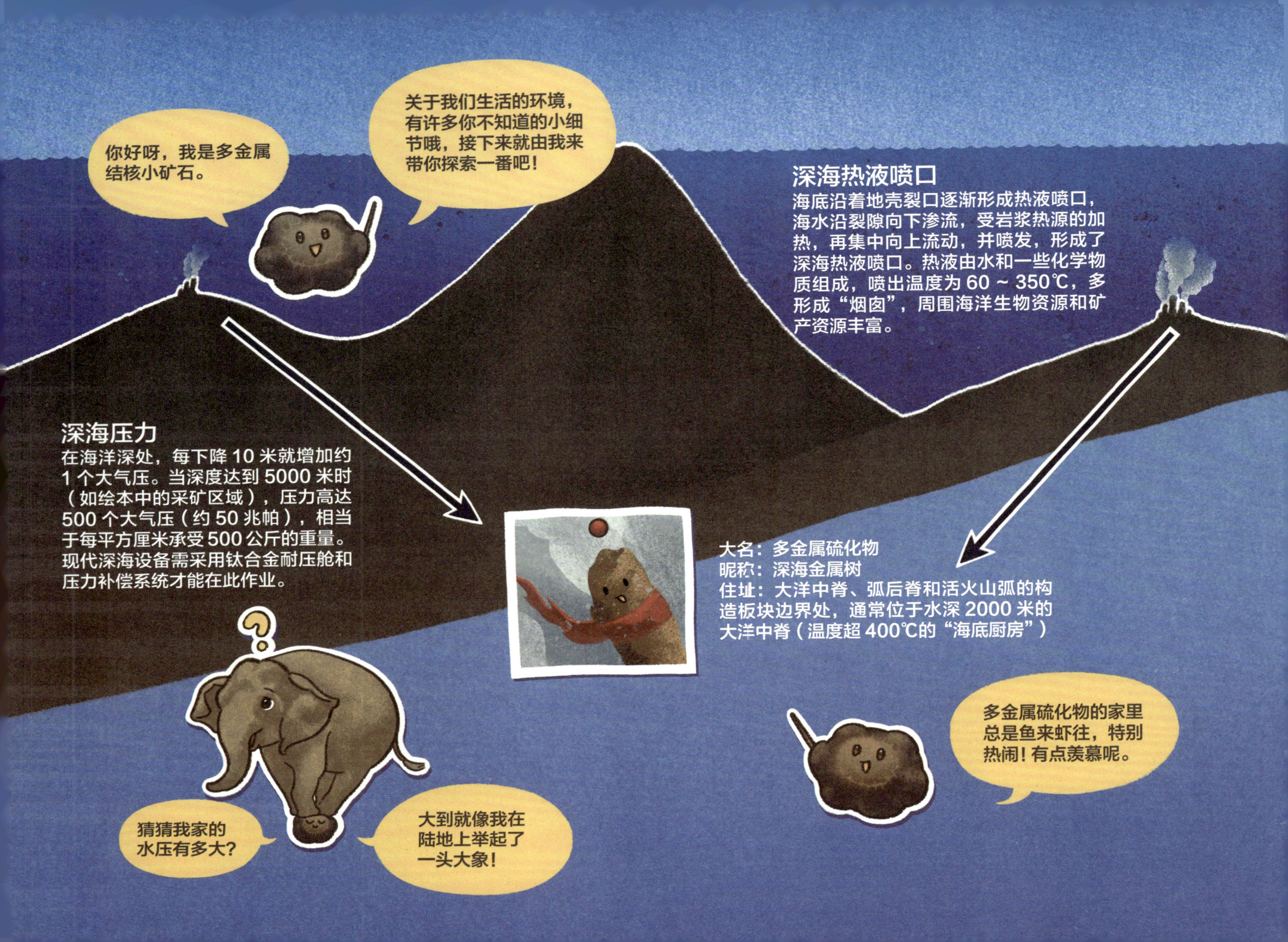

你好呀，我是多金属结核小矿石。
关于我们生活的环境，有许多你不知道的小细节哦，接下来就由我来带你探索一番吧！
深海热液喷口
海底沿着地壳裂口逐渐形成热液喷口，海水沿裂隙向下渗流，受岩浆热源的加热，再集中向上流动，并喷发，形成了深海热液喷口。热液由水和一些化学物质组成，喷出温度为 60 ~ 350℃，多形成“烟囱”，周围海洋生物资源和矿产资源丰富。
深海压力
在海洋深处，每下降 10 米就增加约 1 个大气压。当深度达到 5000 米时（如绘本中的采矿区域），压力高达 500 个大气压（约 50 兆帕），相当于每平方厘米承受 500 公斤的重量。现代深海设备需采用钛合金耐压舱和压力补偿系统才能在此作业。
大名：多金属硫化物
昵称：深海金属树
住址：大洋中脊、弧后脊和活火山弧的构造板块边界处，通常位于水深 2000 米的大洋中脊（温度超 400℃的“海底厨房”）
猜猜我家的水压有多大？
大到就像我在陆地上举起了一头大象！
多金属硫化物的家里总是鱼来虾往，特别热闹！有点羡慕呢。

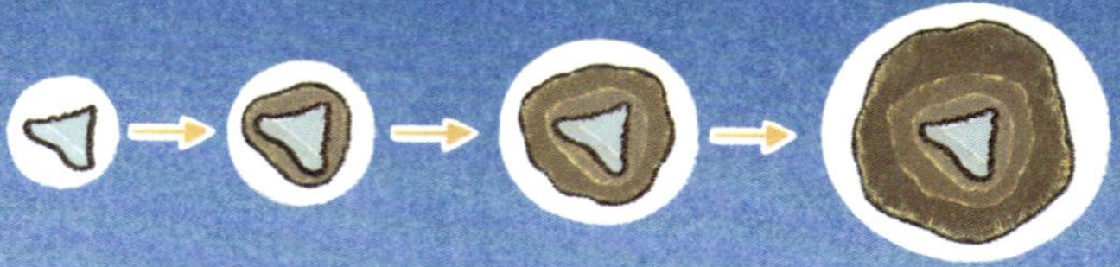

海底矿石的形成

在亿万年前，4000 ~ 6000 米的海床上沉落着岩石、老结核、动物遗骸（鲨鱼的牙齿、贝壳等）、其他固体，他们就是多金属结核的内核，在海水的冲刷作用下，矿物质以一定的速度缓慢地沉积在内核上，结核也因此慢慢变大。

大名：多金属结核
昵称：海底小土豆
住址：洋中脊和弧后扩张中心
（4000 ~ 6000 米）

大名：富钴结壳
昵称：海山千层饼
住址：海山两侧和顶部
（800 ~ 2500 米“半山别墅”）

注：
多金属结核分布在 4000 米以下的深海平原。
多金属硫化物一般分布在大西洋和印度洋的海脊或海底火山附近，深度在 1000 ~ 4000 米之间。
富钴铁锰结壳位于深海 800 ~ 2500 米处，目前在西北太平洋的一个区域探得。
目前尚未在同一地质区域发现这 3 种矿石共生的自然现象，绘本中出于艺术创作的需要，对其空间分布进行了集中化处理以增强叙事效果。

海底邀请函

送给小小探险家

文 / 中国戏剧文学学会戏剧教育专委会副主任 林航

亲爱的小朋友、大朋友：

你见过海底 5000 米的“藏宝箱”吗？

你知道有一些矿石，竟然静静躺了几百万年，只为等待一束光吗？

你有没有想过，一个不起眼的小石头，也可能有大梦想呢？

没错！

这本书就是为你——那个每天都在长大、每天都在提问的你——准备的！

我是一个教育戏剧老师（别紧张，不是拍电影的那种，只是喜欢用“玩”的方式传授知识的有魔力的老师）。这次我不是来讲道理的，而是想带你玩出属于自己的“小矿石奇遇记”。

先别急，我们一起看看这本书到底讲了什么。

这本书里，藏着什么魔法？

在深不可测的海底，有一颗不起眼的小矿石。

它其貌不扬，没有光环，也没人注意它，可它有一个愿望：

“要是我们也能离开大海，看看外面的多彩世界就好了！”

于是，小矿石开始了向上“爬升”的梦想之旅。

虽然它遇到了许多困难，

但它遇到了更多“靠谱”的朋友，遇到了共鸣、陪伴和一层层向海面的托举！

直到最后，它的梦想真的被一个岸上的小孩听见了！

听起来是不是很像你曾有过的心愿？

我们每一个人，其实都有过这样的时刻：渺小、被忽视，却渴望被看见。

这正是本书厉害的地方：

它不是教知识，而是把知识藏在了一个能玩、能演、能感受的故事里！

它不是告诉你“海底有什么”，而是带你“走进去”一起来看看！

那我们怎么“玩着读”呢？

我还偷偷准备了 3 个“绘本魔法任务”，它们都是从教育戏剧课堂变出来的。

任务一 创造型——“猜猜我是谁？”角色盒子

目标：激发想象力，了解海底生物多样性。

道具：一个空盒子 + 家里的杂物（袜子、毛线、旧勺子、手电筒……任何杂物都可以）。

怎么玩：

把杂物放进“角色盒子”里，闭上眼随手摸出一样。

想象这是什么海底生物？有多大？说话方式？脾气？怕光吗？

举个例子：

拿出一个长袜子？那你是“海底长鼻鳗”，讲话像打嗝……

拿出一把勺子？你是“小铲鱼”，专吃矿石边角！

亲子互动：每人一个角色，排个“深海传矿大冒险”的小剧场。

独自游戏：小朋友也可以独自玩这个游戏！自己一个人也能当导演，和玩具一起编一出“深海历险剧”！

科学点拨：此游戏注重的是创造性，玩的过程可以让孩子随意想象，之后再和孩子共同查找资料，确认有没有我们创作出来的海洋生物或者类似的物种，在游戏中探索科学。

任务二 游戏 + 科普型——“洋流传声筒”接力赛

目标：动手动脑，培养合作精神 + 学习科学小知识。

道具：一个小矿石（可以是石子、玩具、瓶盖）、3 个以上家庭成员。

怎么玩：

每人用身体扮演一个深海动物（狗鲨、鮟鱇鱼、章鱼等）。

提问：你是什么海洋动物？你住在海洋的哪个区域？你用什么方式运送小矿石？

小矿石：“我是……小矿石，想去看看外面的世界，你愿意帮我吗？”

从第一位“海洋动物”开始传递，“海洋动物”根据自己的特性决定是否能帮助小矿石，如果能帮助，还可以加上一句话：“我帮你是因为……”

海洋动物：“我能把你送到……因为……”

最后一位可以把小矿石交给“小女孩”，小女孩会说什么呢？

科学点拨：随时翻翻书，了解海洋的各层带会玩得更好哦！

任务三 游戏 + 能力提升型——“海底雷达”声音游戏

目标：锻炼听觉辨识力 + 建构空间感知。

道具：眼罩 / 围巾 + 若干可发出响声的小物品（勺子、玻璃球、弹珠、钥匙）。

怎么玩：

孩子蒙上眼睛扮演“小矿石”，家长在孩子四周模拟“海底声音”。

孩子先来猜猜看：“这是海豚的叫声，还是章鱼在拍打水？”

鼓励孩子模仿声源动物的动作进行“回应”。

再寻找，听声辨位！

最后摘下眼罩，全家用动作和声音来演一场“海底音乐会”。

最后，给大朋友们一句温馨提示：

这不是一本“读完就结束”的绘本，而是一次小小探险家的出发仪式。

打开它，您就已经踏上了属于您和孩子的海底旅程——一个可以提问、可以想象、可以一起创造的旅程。

长沙矿冶研究院有限责任公司（简称“矿冶院”）建于 1955 年，是世界 500 强企业中国五矿集团有限公司的直属二级单位，拥有深海矿产资源开发利用技术国家重点实验室、海底矿产资源开发国际联合研究中心等 9 个国家级科研平台，践行国家海洋战略 40 余年，是我国深海采矿领域开拓者，取得一系列重大突破，掌握了深海矿产资源开发利用核心技术，跻身国际先进行列，为我国海洋矿产资源开发作出了突出贡献。

李小艳 高级工程师，湖南省湖湘青年英才，一直从事深海采矿领域的科研和科普工作，作为骨干成员参与研制“鲲龙 500”海底采矿车、深海土工力学原位测试仪等水下作业装备。热爱科普工作，牵头建设了海洋采矿国家科普教育基地。同时作为两个孩子的母亲，喜欢用生动的语言讲述科普故事，希望为我们的孩子打开通往深蓝世界的大门。

郑诗颖 自由插画师、绘本作者，热爱自然与动物，擅长科普类插画的绘制，曾获珠海国际设计周“青年设计 100”设计新势力奖。

图书在版编目（CIP）数据

深海宝藏：小矿石的大梦想 / 李小艳著；郑诗颖绘. -- 北京：冶金工业出版社，2025. 6. -- ISBN 978-7-5240-0286-4

Ⅰ. P744

中国国家版本馆 CIP 数据核字第 2025E8J767 号

深海宝藏：小矿石的大梦想

出版发行 冶金工业出版社　　**电　　话**（010）64027926
地　　址 北京市东城区嵩祝院北巷 39 号　　**邮　　编** 100009
网　　址 www.mip1953.com　　**电子信箱** service@mip1953.com

责任编辑　宋　丹　美术编辑　彭子赫　版式设计　郑小利
责任校对　王永欣　责任印制　范天娇
宝蕾元仁浩（天津）印刷有限公司印刷
2025 年 6 月第 1 版，2025 年 6 月第 1 次印刷
889mm × 1194mm　1/16；4 印张；51 千字
定价 49.80 元

投稿电话（010）64027932　**投稿信箱** tougao@cnmip.com.cn
营销中心电话（010）64044283
冶金工业出版社天猫旗舰店 yjgycbs.tmall.com
（本书如有印装质量问题，本社营销中心负责退换）